지난 줄거리

범죄자 크라이머를 쫓아서 우유니 사막으로 간 셜록 일행과 루팡은 그곳에서
만난 로드웰의 안내로 드디어 크라이머와 만나게 된다. 루팡은 크라이머를
보자마자 맹공격을 펼치는데……. 절체절명의 위기에 갑자기 레이첼이 등장한다.
루팡과 크라이머 앞에 나타난 수수께끼의 미소녀!
과연 그녀의 정체는 무엇이며, 크라이머가 밝히려고 하는 진실은 무엇일까?
그리고 셜록 일행은 무사히 지구로 돌아올 수 있을까?

차례

수학 탐정 셜록

7권

이 만화의 주인공은 셜록입니다.
셜록은 역사상 가장 유명한 탐정소설 시리즈인
셜록 홈즈(Sherlock Holmes)에서 그 이름을 쓴 것이랍니다.
영국의 아서 코난 도일이 쓴 이 추리 소설은 영국을 무대로 한 흥미진진하고 스릴 넘치는 소설이며
처음 발간된 지 100년이 훨씬 더 지났지만 아직도 전 세계의 수많은 사람들이 읽고 있습니다.

셜록의 라이벌로 등장하는 의문의 우주 소년 루팡은 역시 홈즈와 같은 시대에 발표되어
인기를 누렸던 프랑스의 모험 추리 소설인 모리스 르블랑의 **아르센 뤼팽**(Arsène Lupin)에서 이름을
지었습니다. 재미있게도 셜록은 범인을 잡는 탐정이지만 루팡은 도둑입니다.
별명이 '괴도 루팡'인데 이것은 괴상한 도둑이란 뜻입니다.

이 만화에서 또 한 명의 유명 인사가 등장하는데 그녀가 바로 애거서입니다.
애거서는 위의 두 캐릭터처럼 소설 속의 등장 인물이 아닌 실제 소설가에서 이름을 빌려 왔습니다.
영국의 추리 소설 작가인 **애거서 크리스티**(Agatha Christie, 1890년~1976년)는
추리 소설의 여왕으로 존경 받고 있습니다. 그녀의 소설 속의 명탐정은 '에르퀼 푸아로'입니다.
셜록 홈즈 못지않은 실력의 명탐정이랍니다. 하지만 아쉽게도 이 만화에는 등장을 하지 않습니다.

자, 이 세 명의 주인공들이 펼치는 흥미진진하고
손에 땀을 쥐는 모험과 스릴의 세계로 떠나 볼까요?

등장 인물

◀ 크라이머
드디어 밝혀지는 크라이머의 정체!
우주 범죄자가 될 수밖에 없었던
이 남자의 사연이 밝혀진다.

◀ 루팡 & 이과인
우주 범죄자 크라이머를 쫓아
나투라 행성에서 지구로 파견되어
온 외계인들.

▶ 셜록
활발하고 긍정적인 성격의 레인저
탐정단의 리더. 이 만화의 주인공.

◀ 나으뜸
대한민국 최고의 재벌 그룹인
SS그룹의 후계자이며, 지구
정복이 꿈인 소년

[막대그래프] 학습 내용

우리의 일상생활 속에는 매우 많은 자료들이 있습니다.
수많은 자료를 정리하고 이를 쉽게 비교하기 위해서는 표와 그래프가 필요합니다.
표는 각 항목별로 조사한 수와 합계를 알아보기 쉽고, 막대그래프는 여러 항목의 수량을
전체적으로 한눈에 비교하기 쉽습니다. 따라서 자료의 크기를 한눈에 쉽게 비교하려면 표보다
막대그래프가 더 편리함을 학생들이 스스로 알 수 있도록 지도하여야 합니다.

제1화
크라이머의 정체는?!

아니, 누나가 여길 어떻게?!

찡긋!

멋진 남자가 됐구나. 오랜만이야, 나의 꼬마 신랑!

레이첼 누나? 나투라 행성에서 갑자기 사라졌었는데 어떻게 여기에······.

흐어억!

두근 두근

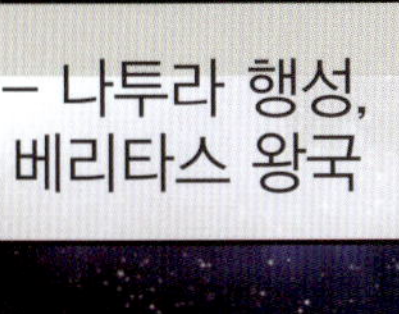

- 나투라 행성,
베리타스 왕국

루팡 왕자 (8세)

하아압!
파아앗

헉헉~ 오늘은
그만해야겠어.
털썩

휴우~
초능력 수련은
역시 힘들어.
겨우 30분
했으면서……
저벅
저벅

팡팡!
응?!

이게 무슨 소리지?
특별 수련실에 아직도
사람이 있나?

누가 이 시간까지 훈련을 하는 거지?

스으윽

샤라랑

이웃 왕국의 레이첼 공주 (12세)

이럴 수가!

두둥!

두근

엄청 예쁘잖아.

두근

어머! 안녕? 반가워.

예쁘장한 여자만 보면 난리군.

응?

바, 반가워요.

아하하하!
루팡 이 녀석, 홍당무가 따로 없구나!
헤헤~ 루팡은 부끄럼이 많은가 봐요.
쳇, 아닌데.
인사해라, 루팡! 이웃 로스트 왕국의 레이첼 공주다.
오늘부터 함께 생활하고 훗날 네가 *왕위에 오르면 결혼을 할 아가씨다.
겨, 결혼 이라고요?
두둥!
팟-
아직 전 결혼할 생각이 전혀 없어요!
아바마마! 제 나이가 몇인데 결혼이라뇨?
앞으로 잘 부탁해. 꼬마 신랑~
쪽~
*왕위 : 왕의 자리

두근!
뜨헉!
음하하하~ 녀석! 완전 *숙맥이구나!
정신을 못 차리겠어.
첫 인사가 너무 과했나요?
*숙맥 : 세상 물정을 잘 모르는 사람
레이첼, 앞으로 우리 루팡을 잘 이끌어 주길 바란다.
네, 걱정 마세요. 최선을 다해 멋진 남편으로 만들게요!
내가 그쪽 남편이라고?
빼액!
거기 서. 꼬마 신랑~
쫓아오지 마!
난 이렇게 억지로 결혼할 수 없어!
다다닷
10

팡 팡!
수련실
하아앗!
파앗
좋아. 실력이 많이 늘었는데?
꼬마 신랑~ 나 잡아 봐라.
탁탁
탁—
누나 좀 천천히 가요.
허억!
콰당!
으아아앙! 무릎이 까졌어!

에고~ 우리
꼬마 신랑 다쳤어요?
울지 마요.

헉?!

이 누나가
치료해 줄게.
금방 나을 거야.

꼬옥

울먹

울먹

레이첼
누나.

울지 말고 씩씩해야
나중에 날 보호해
줄 거 아니니?

우우우웅-

고마워,
누나.

얼마 후,
베리타스 왕국 왕자의
필수 과정인 우주 여행을
떠나는 루팡
몸조심하고~
걱정 마세요!
아바마마.
척ㅡ
레이첼 누나도
걱정 마!
알겠어.
잘 다녀와.
쿠오오오ㅡ
알겠어!
건강하게
돌아와야 해!
콰ㅡ아아

베리타스 왕국의 지하,
비밀 벙커

오오~
드디어 깨어나는
것인가?
꿈틀
꿈틀
티리엘 왕의 형,
임페리우스

스르륵

번뜩!

크ㅎㅎ~ 완벽해!
진짜 티리엘 왕과
완전히 똑같구나!
척-

크ㅎㅎ
이제 암흑 에너지의
힘만 얻게 되면 왕의
자리는 내 거야.

저벅
저벅

지금쯤 루팡은 어디를 날고 있을까?

응?!

스으윽

두리번
두리번

끼이잉

저 사람은 누구지? 왠지 좀 수상한데?
왕국 도서관에 저런 공간이 있었나?

＊염탐 : 몰래 남을 살핌.

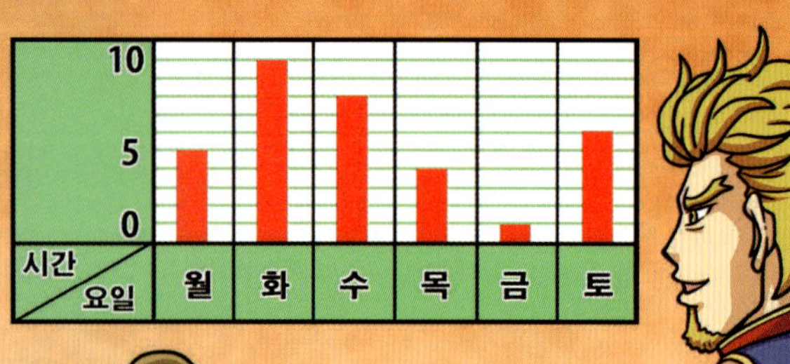

아래 표를 막대그래프로 나타
내려고 합니다. 세로 눈금 한
칸이 1명을 나타낼 때, 야구
를 좋아하는 학생은 몇 칸이
됩니까?   (   )

좋아하는 운동별 학생 수

운동	축구	야구	농구	합계
학생 수	5		2	15

정답은 18쪽에

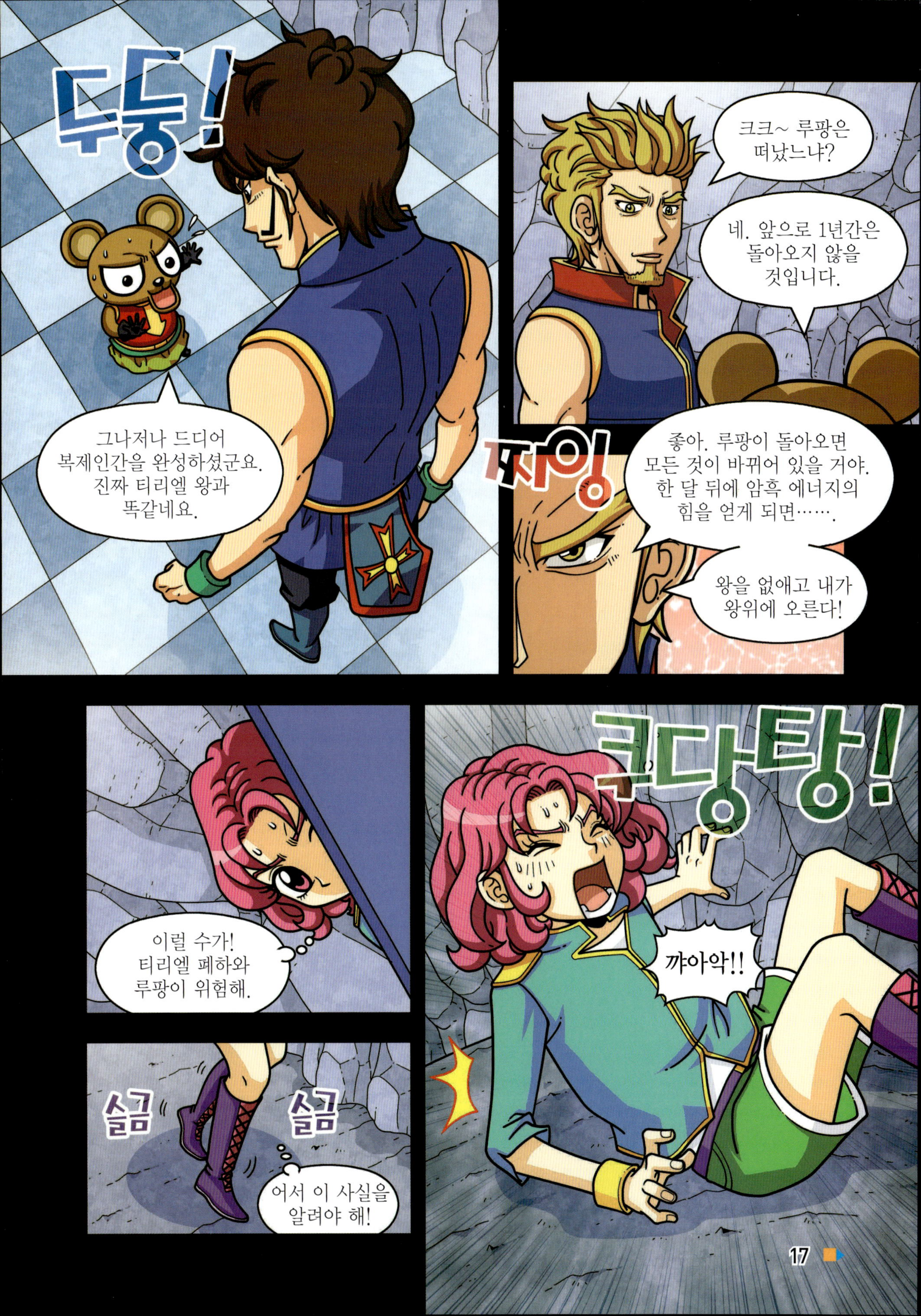

두둥!
그나저나 드디어 복제인간을 완성하셨군요. 진짜 티리엘 왕과 똑같네요.
크크~ 루팡은 떠났느냐?
네. 앞으로 1년간은 돌아오지 않을 것입니다.
짜잉
좋아. 루팡이 돌아오면 모든 것이 바뀌어 있을 거야. 한 달 뒤에 암흑 에너지의 힘을 얻게 되면……
왕을 없애고 내가 왕위에 오른다!

이럴 수가! 티리엘 폐하와 루팡이 위험해.
슬금
슬금
어서 이 사실을 알려야 해!

쿠당탕!
꺄아악!!

으으~

이웃 나라의 공주가 아니, 장차 왕비가 될 아가씨가 여긴 웬일이지?
척—

앗?!

우리가 하는 얘길 모두 들었나 본데 그렇다면 순순히 보내줄 수 없지.
당신들! 단단히 각오하는 게 좋을 거야!

꺄아아악!!

쾅!
각오는 네가 하는 게 좋을 거다. 한 달 뒤면 모든 게 바뀔 테니. 크크~
으읏~ 어떡하지?!

그렇게 내가 감옥에 갇혀 있는 동안, 임페리우스는 암흑 군대를 이끌고 베리타스 왕국을 쳐들어왔지.
자신들이 만든 복제인간을 왕으로 내세운 체 말야.
무슨 소리를 하는 거야? 난 여기 오기 전까지만 해도 아버님을 뵙고 왔다고!
누나는 속고 있어! 저 자가 〈진실의 책〉을 훔쳐 가서 우주의 질서를 망가뜨리려는 거야.
척―
네가 〈진실의 책〉을 되찾아 갈 능력은 되는 거냐?
루팡, 진정해! 크라이머 아저씨는 사실 너의……
시끄러워! 네놈만 잡으면 우주의 질서는 다시 바로잡힐 거야!

츠바바밧!
헉! 뭐지?
두둥!
암흑의 기운이다! 그렇다면 혹시?
파아앗
크흐흐~
뭐지? 넌 누구냐?!
쿠궁!

임페리우스!!
찌이잉!
크크~ 크라이머, 여기에 잘도 숨어 있었구나.

여긴 내가 맡을 테니 사막의 눈으로 가서 피해 있어!
저놈은 너희들이 감당할 만한 수준이 아니야. 루팡을 잘 부탁한다.
아, 알겠어요.
혼자서는 무리예요.
휙~
아니, 임페리우스 대군이 왜 여기에?

루팡! 이리 와!
엇?!
덥석
얼른 여길 피해야 돼.
너까지 다치면 안 돼.
왜 이래,
갑자기?
타앗
자세한 건 가면서
설명할 테니까
일단 따라와!
아, 알겠어.
누나랑 오랜만에
손 잡으니까 기분이
너무 좋다.
애는……
다다닷

우우웅─
흥! 한 명도 그냥 보낼 수 없다.

네 상대는 나다!

찌이익─

받아라!
파앗!
내가 가만히 당할 듯 싶냐? 이야압!
뻔
쩍

쩌엉!

으윽~ 대체 뭐야, 이 힘은?!

이것이 바로 〈진실의 책〉의 힘이다!

콰앙!

크아아악!

콰아아아아

24

사막의 눈, 비밀 기지
보글 보글

영상으로 소금사막 위의 상황을 보고 있는 아이들
크구구구ー
엄청나다.
으아아아!

끌쩍
대체 어디서 저런 힘이 나는 거지?

저 거대한 장벽이 없었으면 아마 크라이머란 사람이 당했을 거야.

저 방어벽 모양 막대그래프처럼 생기지 않았니?
전혀 그렇게 안 보이거든.

끼이잉

우리 왔어!
척-
레이첼 공주님!

하아~ 하아~
저벅
저벅

오오옷~
화면에서 봤던
그 미녀다!
어서 와요,
네비게이션X 님!

공주님, 그런데
크라이머 님은요?
털썩
곧 오실 거야.

누나, 아까 하려던 얘기 마저 해 줘요. 그래서 크라이머가 뭐 어쨌다는 거죠?
아, 그게 말이야. 사실은…….
하아
하아

넌 왜 그 미녀한테 자꾸 친한 척하는 거야? 네가 남편이라도 되는 거야?
뭐?!
째릿!!

맞아! 우린 부부야.
뜨헉!!
화들짝
꼬옥~

네비게이션X 씨, 유부남이었던 거예요?
뭐, 그쪽이랑 상관없잖아.
흥~ 배신이야, 배신. 앞으론 네비 씨에 대한 마음은 접고 오직 한 사람만 좋아하겠어요.

그 한 사람이 혹시?
기대~
넌 절대 아니니 꿈 깨!

척—
루팡, 지금부터 내가 하는 말 똑똑히 들어!

내가 임페리우스에게 붙잡혀 감옥에 갇혔을 때 구해줬던 사람이 누군지 아니?

글쎄?

네가 그렇게나 잡고 싶어서 쫓아다니던 범죄자 크라이머야.
아니지, 진짜 이름은 에리직톤 티리엘 왕! 너의 아버지라고!
쿠궁!
뭐야?!

범죄자 크라이머가 아바마마라고?

말도 안 돼! 불과 얼마 전까지만 해도 아바마마를 뵙고 왔는데!

그건 임페리우스가 만든 복제인간이야! 티리엘 왕의 모든 유전자와 정보를 이용해서 만든 가짜 왕이야.

그 가짜를 이용해서 널 속이고, 크라이머를 쫓으라고 명령한 거지.

임페리우스와의 전쟁에서 패한 티리엘 왕은 감옥에 갇힌 날 구하러 오셨지.

서둘러라! 여기서 얼른 빠져나가야 한다!

다다닷

크라이머로 변장하기 전, 진짜 티리엘 왕

〈진실의 책〉을 가지고 변장을 한 다음에 숨어 있어야겠어!

감옥을 탈출한 후 우리는 〈진실의 책〉을 빼내서 달아났지.
하아
하아
〈진실의 책〉이 사라졌다! 비상!
이것만이 임페리우스를 막고 암흑 에너지를 방어할 수 있는 유일한 방법이야.
폐하! 이제 앞으로 우린 어떡하죠?
임페리우스의 음모를 세상에 밝히고 혼돈에 빠진 우주의 질서를 되찾아야지!
그 뒤, 우리는 우주선을 타고 베리타스 왕국을 탈출해 지구로 왔고, 이곳 사막의 눈을 비밀 기지로 삼았지.
콰아아아
임페리우스는 이후 가짜 티리엘 왕을 내세워 왕국의 평화를 되찾은 것처럼하고……
두둥!
가짜 티리엘 왕을 앞세워 우주를 혼돈에 빠뜨리기 위한 준비를 해 왔어.

그런 다음에 진짜 티리엘 왕인 크라이머를 범죄자로 모함하고 널 보내 그를 잡으라고 한 거지.
크윽~ 대체 난 누구를 위해서…….
부들
부들…

불효자가 따로 없구나. 아버지를 범죄자로 착각하다니.
거기다가 벌써 결혼까지 했어.
시끄러워! 저리 가!
파앗!
으으~
퍽!
퍽!

믿을 수 없어! 내가 가서 직접 확인해 보겠어!

그럴 필요 없다.
응?

내가 이렇게
왔으니까.
척一
앗?!

크라이머 님!

범죄자, 아니
네비게이션X의
아빠다.
두둥!

그래, 이젠 모든 걸
말해줄 때가 됐구나.
스으윽

크라이머!
아니, 아바마마?!

그동안 본의 아니게 너를 속여서 미안하구나.

발바닥에 숨겨진 왕족의 문양을 보여 줘야 확실히 믿겠느냐?
꼬릿
꼬릿
으~ 지독한 발 냄새. 확실히 아바마마가 맞으시군요!

저, 정말 아바마마 맞으신 거죠?
두근두근

아바마마를 알아보지도 못 하고 그동안 정말 죄송합니다!
와락

됐으니 이제 그만 눈물을 거두어라.
힝~ 울보 남편.
흑흑~
흑흑~ 감동적이야.

레이첼 공주의 말은 모두 사실이다.
본의 아니게 너를 속이게 되서 미안하구나.

이렇게 감상에 젖어 있을 시간이 없다.
곧 임페리우스가 들이닥칠 거야.

아닙니다. 제가 어리석었습니다.
흐흐흑~

이걸 가지고 가거라. 베리타스 왕국의 보물인 〈진실의 책〉이다. 암흑의 힘에 맞설 유일한 희망이지.
척-

네가 빛의 힘을 쓸 때 〈진실의 책〉이 큰 힘이 될 거야.

알겠습니다!

쿠구궁-
으헉!

생각보다 빨리 왔구나.

레이첼, 시간이 없다! 일단 베리타스 왕국의 비밀 기지로 이동한다!
네!

찌익-

저도 같이 싸우겠습니다. 지금까지 절 속인 임페리우스를 절대 용서할 수 없어요!
뭐?!

이건 나와 임페리우스의 싸움이다! 나로 인해 벌어진 싸움이니 혼자 상대하겠다.
하지만 혼자 상대하기엔 벅차실 텐데요.
넌 암흑의 힘에 맞설 준비를 하는 게 더 좋겠구나.

나도 곧 따라갈 테니 걱정 마라!
아바마마?!

〈진실의 책〉이여! 내게 힘을!
파앗!

파아
우와아앗!
앗
뭐예요?!
우리까지 보내는
거였어요?
콰아아아

지구인,
내 아들을 도와
악을 물리쳐다오.
우우웅―

아바마마!
곧 오실 거죠?!

스팟!
우주의 운명을
잘 부탁한다.

퍼어억

여기 숨어
있었구나!
파앗!
왔구나!

콰앙!
크으윽!!
여기 숨어 있으면 모를 줄 알았더냐?!
〈진실의 책〉만 내놓으면 살려는 주마.
치지직─
이번엔 단단히 각오하는 게 좋을걸요, 형님.

이야압!!
파잇!

막대그래프 알아보기

셜록네 동네 작은 동물원에 있는 동물 수를 조사한 것입니다. 막대의 길이를 비교해 보세요.

동물원에 있는 동물 수

동물	호랑이	사자	코끼리	기린	원숭이	합계
동물 수(마리)	6	3	2	4	7	22

동물원에 있는 동물 수

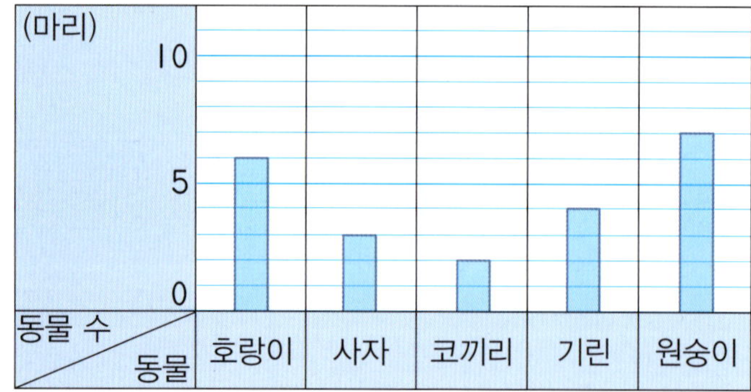

⑴ 세로 눈금 한 칸은 몇 마리를 나타냅니까?　　　(　　　　　　　　)

⑵ 막대의 길이가 가장 긴 동물은 어느 것입니까?

　　　　　　　　　　　　　　　(　　　　　　　　)

애거서네 반 학생들의 혈액형을 조사하여 나타낸 것입니다.
표와 막대그래프를 비교해 보세요.

혈액형별 학생 수

혈액형	A형	B형	O형	AB형	합계
학생 수(명)	8	9	5	3	25

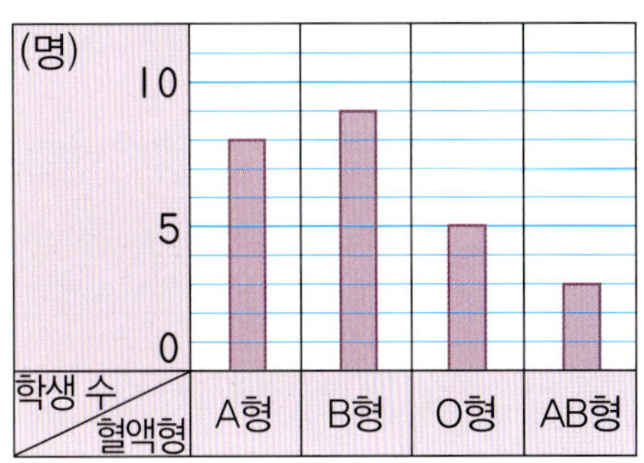

오른쪽과 같은 막대그래프로 나타내었을 때 왼쪽과 같은 표보다 좋은 점을 쓰시오.

제2화
좀비가 나타났다!

뭔가 번쩍이더니 갑자기 여기로 왔어.
자신들의 별로 보낸다고 했는데.
나투라 행성이라고 했었나?

근데 다른 행성이라고 하기엔 여긴 좀 익숙하지 않아?

그러게. 숨도 자유롭게 쉬어지는데.

척-
다른 행성이라면 이 작은 창을 통해 유독 가스가 마구 들어올 거야.

쿵쿵~

크허억!!
쿠쿵!
으뜸아, 괜찮아?

* 음산하다 : 날씨가 흐리고 으스스하다.

막대그래프를 그리는 순서대로 기호를 쓰시오.　（　　　　　　　　　　）

㉠ 조사한 수에 맞도록 그래프를 그립니다.
㉡ 눈금 한 칸의 크기를 정하고 조사한 수 중에서 가장 큰 수를 나타낼 수 있도록 눈금의 수를 정합니다.
㉢ 가로와 세로 중 어느 쪽에 조사한 수를 나타낼 것인지 정합니다.
㉣ 막대그래프에 제목을 붙입니다.

➡ 정답은 46쪽에

쿠당탕!
꺄아악!!
이 좀비 녀석이 감히 어딜!
뿌웅!
크헉!

걸렸구나!!
파앗
꺄악!
애거서는 털끝 하나도 건드리지 못 한다!
두근
뭐야. 그렇게나 날 아끼는 거야?
두근

어떡해~
그런 거였어?!
왜 저래?
꺄악!

정신 차려!
지금 뭐하는 거야!
휘익
어머나!
이젠 과감하게
손까지?!

버럭!!
지독한 방귀 냄새!!
보리밥 두 그릇에
장조림, 그리고 꽁치까지
먹었구나!

헹! 대단하지만
검은콩 우유 반 컵이
빠졌다는 말씀~

날 자극했으니
너부터 혼내 주마!
다다닷
으아아!!

툭─
어이쿠~
다리가 걸렸어!
휘익

꽈당!
크허억!

오옷!
좋았어, 왓슨!
으뜸아!
마무리 부탁해!

파아앗
맡겨 둬! 받아랏!!
와이어맨 필살기!
초 슈퍼
울트라 필살!

똥침이다!
번쩍
푸욱!
크으윽!

으아아악!

낑낑~
손가락이 안 빠져.
으~ 너무 굴욕적이야.
좋았어! 멋진 작전이었어!
덜덜덜...

여기 안전하다면서요?
그런데 왜 좀비가
있다는 거죠?

좀비가 득실대는
이런 곳을 누가
안전하다고
생각하겠어?

가장 위험한 곳에서
가장 안전한 장소를
찾을 수도 있는 법이야.

우워어~

ZOMBIE

큰아아!

이 곳에는 총 10개의
안전한 장소가 마련되어
있어서 그곳에만 있으면
그 어떤 외부의 위협에도
견뎌낼 수 있어.

성 안을 돌아다니는
수많은 좀비들이
오히려 우리들의 안전을
지켜주는 거지.

그렇다면 여긴
좀비들이랑 우리밖에
없는 거예요?

응! 이 안전 장소에서
나가려면 누군가가
외부에서 문을
열어 줘야만 해.

하지만 방금 말했듯이
여긴 좀비들밖에 없는
곳이라서 혹시라도 누군가
문을 열게 된다면…….

철컹 철컹
무슨 소리지?

밖에서 누군가 문을 열려나 봐요! 혹시 아까 우리랑 같이 여기로 온 애들인가?
설마?!

크르르르~ 까꿍?
두둥!
좀비다!!

캬아악!
타앗!
아얏?!

조심해요, 누나!!
꺄아아악! 무서워!

오오옷~ 꽤 미녀잖아?
헛점 발견!
멈칫
떡 떡
무서워! 무서워! 너무 너무 무서워!!
떡!

무서워 죽겠다고!
까약!
그만 참아, 누나. 이제 그만 때려도 될 거 같아.
뭐?

히익! 도망 가자!
누나의 무지막지한 주먹질에 좀비가 완전히 나가떨어졌어.
어머낫!
헤롱
헤롱
쟨 대체 뭐야? 무섭다더니 갑자기 10단 콤보를…….
나 너무 너무 무서웠던 거 있지. 정말 깜짝 놀랐어!
히잉
좀비가 더 놀랐을 것 같아.

앞으론 네가 날 지켜 줘야 해, 알았지?
으응.

문이 열렸으니까 일단 밖으로 나가자.
스으윽
밖으로는 웬만하면 나가지 않는 게……!

빼꼼
어디 보자.

이과인, 어서
*정찰 다녀와.
뭐?!

좀비가 또 있을지도 모르니까 네가 먼저 정찰을 다녀오라고!
쳇, 마치 자기가 앞장서서 나갈 것처럼 하더니……

*정찰 : 자세히 살핌.

라이트 온!
팟—

라이트 켰으니까 따라와.
됐으니까 너 혼자 갔다 와.

쳇, 겁쟁이! 좀비 따위가 뭐가 무섭다고……
이상 없으면 신호하고~

두둥!
히익!

왜 그래?!
아니야, 그냥 해골바가지야.

놀랐잖아! 좀비 있어, 없어?!
깜짝
엇?!

크아아악!
다다다닷
좀비 떼다!
누나, 어서 피해요!
그러니까 내가 나가지 말라고 했잖아!

좋았어! 좀비를 물리쳤으니 이젠 안심하고 나가 볼까나!
타앗

멈칫
어라?!

오잉?
스으윽
ZOMBIE

뭐야! 좀비가 한두 마리가 아니었나 봐!
새로운 먹잇감이로구나.
ZOMBIE
크르르르~

*삼십육계 줄행랑 : 위험이 닥쳤을 때는 우선 피하는 것이 좋다는 말

크르르르~ 거기 서라!
너 같으면 서겠냐?!
우르르르~

타앗
ZOMBIE
크아아악!
콰직!!
ZOMBIE
허억?!

크르르르~ 한 놈 잡았다!
ZOMBIE
두둥!
으어어어~

으뜸이가 잡혔어.
뭐?!

으뜸아!
끼이익

파앗
으뜸이를 놔 줘!
펑!
ZOMB
꾸웩!

털썩

괜찮니, 으뜸아?
척─

크아아악!!
나는 좀비다!
파잇

시끄러워!
퍽!
커헉!

뭐해? 빨리
안고 뛰어.
털썩
으응~

캬오오오!
으아앗!!
탁탁 탁—

누구라도 좀 도와줘요! 제발~
막다른 길에 이르셨나? 그렇다면 길은 네비게이션에게 물어봐야지.
응?!

타앗
네비게이션X의 등장이다!!

살아있었군요, 네비 씨!
네놈의 등장이 이렇게 반가울 줄이야.

좀비한테 쫓기고 있어. 우리들 좀 도와줘.
탁탁
탁—
우르르~
크아아아!
히익?!

뭐, 뭐야! 완전 떼거지로 몰고 왔잖아?
어떡하지? 여기도 좀비 떼가……

어휴~ 이렇게 많은 좀비 떼를 몰고 오면 어떡해!
무슨 소리야! 너는 더 많은 좀비 떼를 몰고 왔는데!!
탁—
탁 탁

하여간에 네놈은 도움이 안 돼!!
흥! 서로 마찬가지 아니겠냐!

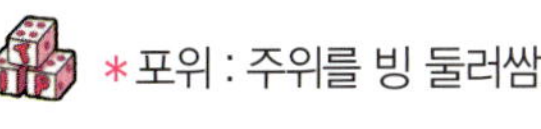

*포위 : 주위를 빙 둘러쌈.

척—
완전히 *포위됐어!
어떡하지?

두둥!
크르르르~

셜록, 나를 지켜 준다고 하지 않았어? 이제 어떡해?
애거서, 아무리 그래도 지금 이 상황에선……
무서워.
뿌드득
으아~ 빠져나갈 방법이 없어. 어떡하지?

이제 어쩐담?
꿀꺽

떡떡
떡!
끼아악!
엇?!

콰콰콰콰—
크아악!
크악!
너는?!

로드웰
재등장입니다요.
짜안!
정말 반갑다!

우당탕탕!
어라?!

뭐예요?
안에 무슨 일
있어요?

팟—
허걱!

부들
부들
크르르르~

끼이익~

뭐야, 로드웰!
왜 갑자기 멈춘 거야?

크르르르~
꿈틀
꿈틀
으아앗!
로드웰도 좀비가
됐어!

*백신 : 병을 치료하기 위해 균을 죽게 만드는 주사약.

좀비들의 대장이 좀비 백신을 가지고 있다고 들었어!
좀비 대장이요? 확실한 거죠?
탁탁
이봐, 애송이! 이번엔 나도 돕지.
뭐?!
아버지와 나의 일에 말려들었으니 나도 책임을 지겠어!
타앗
좋아! 지금부터 함께하는 거다!
탁!

으뜸이가 좀비가 되어 버렸어요. 친구니까 꼭 백신을 찾아와야 해요.
탁―
치잇.
당연하지!

팟—
파잇!
빛의 힘이여!
전자 실드
준비 완료!

여긴 우리가
어떻게든 버텨 볼테니까
그 사이에 좀비 대장을
찾아서 꼭 백신을
가져다 줘요.
너희들
괜찮겠어?
걱정 말아요,
누나!
타앗

저쪽에 있는
방이 수상해.
조심해, 셜록!
삐리릭

저기로
가 보자.
탁탁탁—

조금만 견뎌 줘. 셜록.
루팡, 제발 무사해야 돼.
이제 거의 다 왔어.

혹시라도 내 남편을 ……
내 남자 친구가 될 셜록을 건드리면 ……

화르륵!
절대 용서 못 해!
앗, 뜨거!

대장의 방

뽀르륵—

크흐흐흐

크흐흐흐~
예쁘게 자라거라.
씨익

철컹
응?

두둥!
어떻게
여길?!
찾았다!
대장 좀비!

막대그래프 그리기

퀴즈 1 레인저 탐정단이 탐험한 장소별로 기억에 남는 곳을 학생들에게 조사하여 나타낸 표입니다. 막대그래프로 나타내도록 하세요.

기억에 남는 장소별 학생 수

장소	영국	마다가스카르	큐브랜드	우유니 사막	합계
학생 수(명)	3	7	10		25

⑴ 표의 빈칸에 알맞은 수를 써넣으시오.

⑵ 표를 보고 막대그래프로 나타내시오.

기억에 남는 장소별 학생 수

퀴즈 2

레인저 탐정단이 앞으로 탐험하고 싶은 나라를 학생들에게 조사하여 나타낸 표입니다. 막대그래프로 나타내어 보세요.

탐험하고 싶은 나라별 학생 수

나라	중국	미국	이탈리아	일본	호주	합계
학생 수(명)	6	8	5	4	2	

(1) 조사한 학생 수는 모두 몇 명입니까?

( )

(2) 표를 보고 막대그래프로 나타내시오.

탐험하고 싶은 나라별 학생 수

학생 수 / 나라	중국	미국	이탈리아	일본	호주
(명)					

제3화
최후의 대결

네놈들은 누구냐?
여긴 어떻게 알고
들어왔지?
무슨 소리예요?
바깥에 대장의 방이라고
쓰여 있는데…….
쩝~
그, 그랬나?
아무튼 그걸 보고도
여기에 들어왔다는
건…….
나한테 혼쭐나도
상관없다는 뜻인가
보구나.
쿠오오!
히이익~
절대 그렇지
않아요!

시끄러워! 당장 좀비 백신이나 내놓으시지!
화르륵!
엄마야!

내 남편이 위기에 빠졌단 말야!
내 남자 친구가 될 거 같은 애가 위험하다고.
덜덜덜
무, 무서워.

쟤네들 대체 뭐야? 남편은 그렇다고 쳐도 남자 친구가 될 거 같은 애?
웬만하면 협조하는 게 좋을 거예요.
소곤
소곤

저 두 여자들 정말 무섭거든요.
째리릿!

크크크~ 협조라고?
씨익

감히 좀비 대장인 나를
뭘로 보고 협조하라고
명령이냐?!
크아야!
우습게 본다!
왜?!
퍽!
꽁꽁~
어머낫?!
받아라!
오뉴월 여자의 한이
담긴 눈보라다.
휘오오
어서 백신을
달라고!
으~ 갑자기
웬 눈보라야?
거 봐요. 순순히
협조하라니까.

위이잉

찌잉-

여, 여깁니다.
좀비 연구소 최신
백신 개발 연구소!
철커덩
저런 공간이
있었을 줄이야.

V4 좀비 바이러스
백신을 소개합니다!!
짜안!

얼른 꺼내!
EX

그런데,
한 가지 문제가
있습니다……

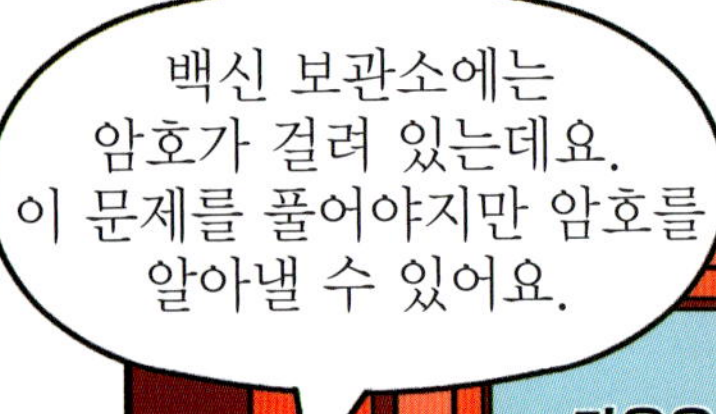
백신 보관소에는 암호가 걸려 있는데요. 이 문제를 풀어야지만 암호를 알아낼 수 있어요.

척一

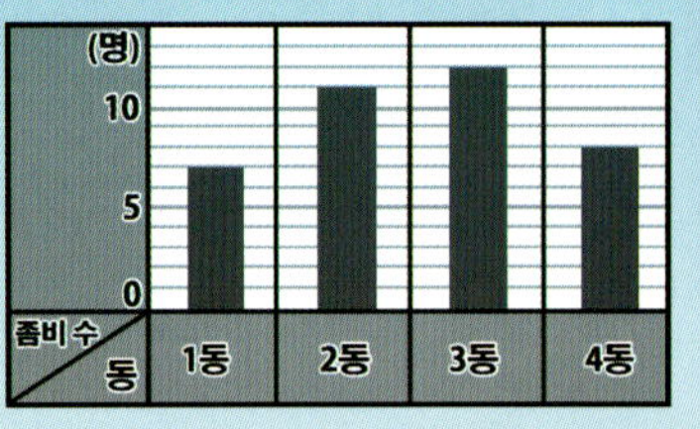
다음은 좀비 백신의 반응 실패 여부를 실험한 결과 그래프이다. 좀비 백신 반응이 가장 좋은 연구동은 어디인가?
(명)
10
5
0
좀비 수
동
1동
2동
3동
4동

단, 기회는 한 번 뿐이라 만약 틀리기라도 한다면 백신 보관소는 자동 폭발하게 되어 있어요.
자동 폭발?!

그럼, 저 백신을 만든 박사를 데리고 오면 되잖아! 너희가 만들진 않았을 테고……
아, 바이러스 백신 개발자요?

저기에 편히 누워 쉬고 있네요……
안 돼!!
두둥!

당장 암호를 불어! 안 그럼 네가 먼저 죽는다!!
휘오오오一
아, 글쎄~ 저도 정말 몰라요! 으~ 추워.

내가 한번 살펴볼게.
흐음, 크게 어려운 문제는 아니야! 그냥 수치만 비교하면 되는데?
삐삐ㅡ
다음은 좀비 백신의 반응 실패 여부를 실험한 결과 그래프이다. 좀비 백신 반응이 가장 좋은 연구동은 어디인가?
(명)
10
5
0
좀비 수
동
1동
2동
3동
4동
삐리릭

뭐야, 찾았어! 백신 반응이 제일 좋은 연구동은 뻔히 4동이라는 게 보이잖아?
ㅋㅋㅋ~
오옷~ 대단한데요?

스으윽
10
5
좀비 수
동
2동
3동
4동
정답은 4동이야.

왓슨, 잠깐만!!
척ㅡ

뭔가 느낌이 이상해.
뭐가? 여기 그래프에 나와 있잖아?

아냐! 엄청 중요한 백신인데 그렇게 쉬운 암호를 걸어 놨을 리가 없잖아?
아차! 내가 너무 쉽게 봤구나.
저 문제를 자세히 봐야 해.
저 그래프는 백신의 반응 실패를 기록해 놓은 거야.
그래프 수치가 높은 건 실패를 많이 했다는 소리지.

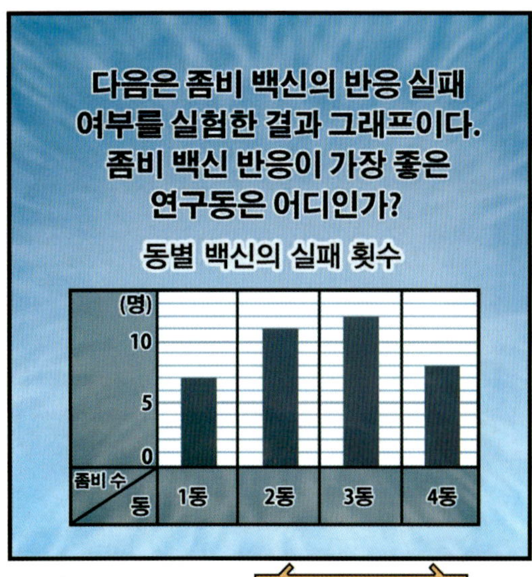

다음은 좀비 백신의 반응 실패 여부를 실험한 결과 그래프이다. 좀비 백신 반응이 가장 좋은 연구동은 어디인가?
동별 백신의 실패 횟수
(명)
10
5
0
좀비 수
동
1동
2동
3동
4동

와우! 예리한데?
저희는 탐정단이거든요.

좋았어! 정답은 1동이야.
정답입니다!
딩동댕!
쳇, 바로 보낼 수 있었는데……

*확보 : 확실히 가지고 있음.

여러 항목의 수량을 전체적으로 한눈에 비교하기 쉬운 것은 표와 막대그래프 중 무엇입니까?

(　　　　　　　　　　　　)

◗ 정답은 88쪽에

툭!
아얏!

휘이익
EX

휘청
어어엇?!

파
캉!

배, 백신이!
안 돼!!

아이고, 저런~
갑자기 다리에 걸려
넘어지다니……

안 돼~!!
쿠궁!

엇?!
무슨 소리지?!
크르륵!!
캬오!!
펙 펙
펙
타앗!

전투 중에 밤심이라니! 크아악~
탓ㅡ
애송이, 위험해!

피해~!
커억!
퍼억!!

쿠당탕탕
어이쿠!

뭐, 뭐야! 갑자기?
척ㅡ

똑뚝-
네비게이션X!
두둥!
결국 네 녀석 때문에 이렇게 됐군.
크르르르~
네비게이션X!
벌써 좀비의 기운이 퍼지는 건가?
하아
하아

크으으윽!
털썩

이봐, 괜찮아?
미안해, 나 때문에.
하아~ 하아~

헛소리 하지마!
누가 네놈 따위를
구하려다가 이렇게
된 줄 알아?
쩌리릿!
그, 그러냐?
엇?!
덥석

나는 이제 끝났어.
부탁하나만 하자.
백신을 구해서 레이첼
누나만은 꼭 지켜다오.
제발
부탁이야.
쿠웅!

으아아~ 미안해!

정신 차려, 제발!
그깟 좀비 바이러스
쯤은 이겨내라고!

떱석!
앗?!

콰직!
크허억!
시끄럽다.
두둥!
큰일이다!
애거서, 백신은
아직이야?

어떡해!
마지막 희망이
사라졌어!
뚱!

이 자식!
일부러 다리를
건 거지?!
뭐라고?
혼나 볼래?

크하하하~
아무튼 이걸로 최후의
승자는 나란 말씀!

이제 각오하는
게 좋을걸.
찌잉―

이제 정말
장난은 끝났다고!
엇?!
타―잇!
꺄아악!

퍼억!
으컥?!

크으으으윽~
이게 뭐지?
꺄아!
치이익

당신은 설마?

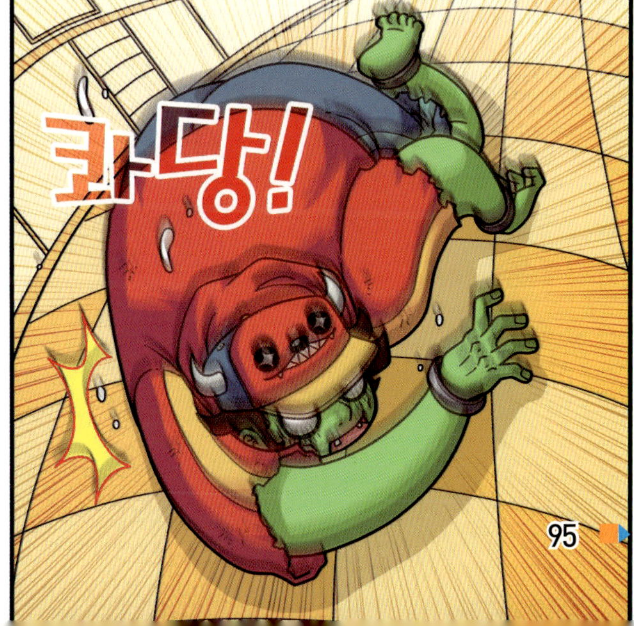

콰당!

감히 나의 손님들한테 무례를 범하다니.
척―

크라이머 아저씨!!
드디어 오셨군요!
하아
미안하구나. 좀 늦었지?
하아

왜 이제서야 오신 거예요? 지금 큰일났다고요.
제 친구 으뜸이가 좀비가 됐는데요. 하나밖에 없던 백신이 깨져 버렸어요!
지금 셜록과 아저씨 아들이 좀비들에 맞서 싸우고 있어요! 얼른 가서 도와줘야 해요!

후후훗~ 그런 거라면 금방 해결할 수 있지.

일단은 저 주사기로 내 혈액을 뽑아야해.
네? 갑자기 혈액은 왜?

난 이미 좀비 백신을 맞았었거든. 내 몸에 흐르고 있는 백신 성분을 *분리해내려는 거지.
쭈욱

*분리 : 서로 나뉘어 떨어짐.

자, 이걸 가지고 저기 있는 분리기에 넣고 돌리면 백신을 얻을 수 있을 거야.
정말요?
척ㅡ

위이잉

아, 백신 성분이 분리가 되어서 나왔어요.
끼이잉
그럼 그 용액을 주사기로 옮겨 담아서 너희들도 맞으렴.

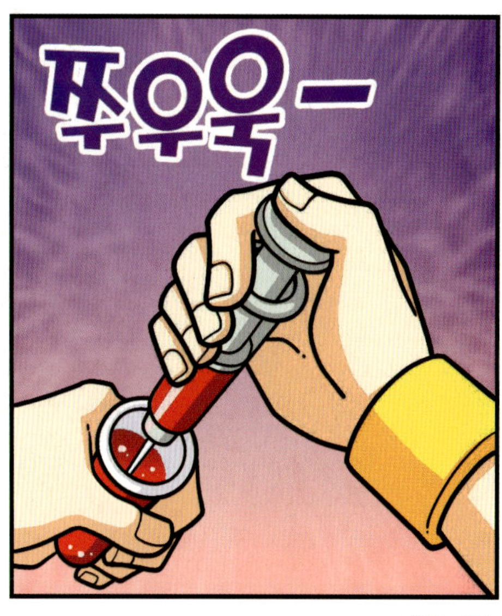

쭈우욱ㅡ

일단, 친구들에게 백신을 *투여하고요.
으윽~
저도 백신을 맞겠습니다.
뿌욱!
픽!

*투여 : 약 따위를 남에게 줌.

좋아! 내 몸에 있던 좀비 백신 성분이 너희들에게도 전해졌으니 이제 좀비가 될 걱정은 없어졌다.

백신은 1시간 안에 맞아야 효과가 있어. 그 이후에 맞으면 부작용이…….
쿨럭
쿨럭

크허억!!

털썩
폐하, 괜찮으세요?!

난 괜찮아.
임페리우스를 상대하고
오느라 조금 피곤해서 그래.
조금만 쉬었다 갈 테니
너희들 먼저 가거라.

정말 괜찮으신 거죠?
그럼 먼저 갈게요.

서둘러!
1시간 안에 백신을
전달해야 해.
탁 탁 탁-

으으~ 너무
힘들다. 크게
다친 모양이군.
쿨럭
쿨럭
서둘러라. 레이첼!
곧 임페리우스가
들이닥칠 거야.

크르르르~
털썩

정신 차려!!
좀비 바이러스
따위에 지지 말라고!

시끄럽다.
애송이.

잘난 체는
그만해라!
타잇!

크으윽!
쾅!

화익
미안해서 너를 공격할 수 없어! 나 때문에 그렇게 됐는데…….
조금만 더 가면 돼요, 힘내요.
탁ー
탁탁
뭔가 예감이 좋지 않아. 서두르자.
크크크~ 다들 여기에 숨어 있던 거냐?
콰아아아

그 입을 다물게
만들어 줄 테다!
크아아악~
이렇게 되면
나도 어쩔 수
없다고!
치이익
파앗

그만해!!

왔어요?
백신은요?!
휙—
크르르~

뭐, 뭐야? 그 모습은?!
날 지켜 주겠다고 하더니
좀비가 되어 버린 거야?
울먹
울먹
시끄러워서
못 참겠군.
조심해요!
지금 녀석은
완선 좀비라고요!
그래. 이렇게
울고 있을 시간이
없어. 한 시간 안에
백신만 맞으면 돼.
척一
걱정 마!
내가 널 구해 줄게!
백신을 구해 왔어!

백신 주사 다 맞혔니?
네. 백신 투여했어요.
픽!
푸욱!
여기도요.

크아아악!
내 몸에 대체 뭘 놓은 거야?!
히히~ 이 상쾌한 기분.
털썩

좀만 참아. 잠깐이면 돼.
타앗

나한테 덤비는 거냐?!

콰앙!
으아앗!
휘이익
꺄아악!
갑자기 뭐야?!

크하하하~
드디어 찾았다!
후두둑
후둑

루당탕탕—
꺄아악!
파아앗
이 녀석들! 모두 맛 좀 봐라!
임페리우스?!
아니, 그렇다면 티리엘 폐하가 당신을 꺾지 못했다는 거?!
흥! 크라이머가 내 상대가 될 것 같았느냐?
크르르~ 너도 해치워 주마.
휘이익

크크~ 나한테 크라이머쯤은 식은 죽 먹기였다!
탓—
우우웅—
어엇?!
뭐, 뭐야! 이 녀석은?!
크르르~
콰직!
이 녀석, 좀비가 된 건가?
두둥!
위험해! 얼른 떨어져!!

꽈악
케헥!
꼴 좋구나. 가짜 티리엘 왕을 아버지라고 믿더니 이젠 좀비까지 되어 버린 거냐?
같은 왕족으로서 창피하기 이를 데 없구나!
쿠당탕!
키이익!

괜찮아? 정신 좀 차려 봐!
하아

백신이 아까 임페리우스의 공격 때 깨져 버렸어!
이제 곧 한 시간이 지나는데 어떡하지?
하아

츠바밧!

우우웅―
이제 정말 끝이다. 모두 함께 저 세상으로 보내 주마!

왕족으로서 부끄럽지도 않아요? 암흑의 힘으로 남의 왕 자리나 탐하다니……
크하하~ 그건 원래 나의 왕좌였다. 티리엘 왕, 아니 크라이머가 잠시 빌려갔을 뿐!

이제부턴 완벽한 내 세상이다!
어떡해?! 이제 희망이 없어!
이대로 끝이라고?

잘 가라!!
호흐흑~
사랑해. 나의
꼬마 신랑.
파이아앗
아직 셜록한테
고백도 못 했는데.
애거서!!
퍼
엉!

쿠구구구...

크하하하!!
이제서야 깔끔하게
정리가 되었구나!
속이 다 후련하다.

응?!

뭐, 뭐야!
저건?!
두둥!

아얏! 폐하?!

치이이익

미안하다.
내가 너무 늦었지?

씨익

후후훗~
아들 녀석한테 이런 약한
모습을 보여주다니
미안하구나.

아니에요!
그것보다
괜찮으세요?

크라이머 아저씨!

나도 정말
잘해주고 싶었는데
사랑한다는 말 한 마디
못 전해 주고…….
주르륵

미안하구나,
아들아.

어?!

벌떡

시끄럽다!

파아앗!
캬아악!!
불쌍한 녀석,
차라리 나의 죽음을
모르는 게 좋겠구나.

질끈!
사랑한다.
나의
아들아.
크아아악!
휘이익
콰직!
아니?!
이제 제발
그만 좀 해!
지구 소년,
어째서?!
두둥!

셜록!!
무슨 짓이야!

아니, 대체 왜 그런…….

됐지? 나 때문에 이렇게 됐으니까 이제 서로 비긴거야.
그러니까 제발 정신 차려! 이겨 내라고!
지금 네 동료와 아버지가 죽을지도 몰라. 힘을 내.
헉…
헉

서로를 지켜 주고 아껴 줘야 할 때야! 그러니까 제발 진실된 마음의 눈을 떠!!
마음의 눈?!
번쩍!

으아아악!!

파앗!

진실의 책?!

우우웅—

아니, 드디어
진실의 책에 봉인되어
있던 진짜 힘이 열리는
것인가?

스
팟!

갑자기 이게 무슨 일이지?
슈아아아

맞구나!
진실의 책의 숨겨진 힘!
저것만 얻으면
나는 우주 제일이 된다!
우우웅―
힘이 솟구쳐.

진실한 마음의 울림에
눈을 뜬 자여,
그대에게 진실의 힘을
드리겠습니다.
파 앗!

털썩

고맙다, 애송이.
네비게이션X, 제정신으로 돌아온 거야?
척-

하아~ 하아~ 좀비 바이러스가 퍼지는 건가?!

그래. 네 덕분에 진실의 힘을 얻게 되었어.
이젠 내가 널 도와주고 지켜 줄게.
딱!

흥! 난 빚지고는 못 사는 성격이라고! 그래서 그런 거야. 너를 위해서가 아니야.
파앗!

아무튼 고맙다. 좀비 바이러스는 내가 다 치료했으니 걱정 마.
오오~
스윽

오오오~ 궁극의 치료까지 역시 탐나는 힘이구나.

휘이익
파앗
그렇다면 나도 전력을 다해 빼앗아 와야겠구나!
이젠 다 끝났습니다. 더 이상 우주의 질서를 혼란에 빠뜨리지 말아 주세요.
어엇?!
그만하시죠, 임페리우스!
애송이 녀석! 네놈의 힘을 모조리 흡수해 우주 최강의 힘을 가질 테다!
척─
타앗

슬쩍
그렇다면 바로 힘을 보여드리죠!
찌이익
후후훗~ 말로는 안 되겠군요.

팟
진실의 책이여, 그대의 이름으로 악을 심판하노니!
크아아악! 이게 뭐야!!
퍼어엉!
이대로 빛에 갇히어라!
이제 당신은 진실의 책 속에 영원히 갇힐 것입니다.
암흑의 힘으로 무장한 내가 단번에 제압 당할 줄이야.
하지만 이대로 끝낼 순 없겠지?
무슨 소리야? 당신은 완전히 제압 당했다고.
크흐흐

크하하하! 내가 그냥 왔을 것 같냐?
만일을 대비해 내 몸속에 있는 암흑의 힘이 위협을 받으면 대폭발이 일어나게 만들어 놨지!
뭐, 뭐라는 거야?
여긴 어디?!

아들아, 나한테 좋은 방법이 있다.
아바마마!

우선 내가 니에게 진실로 말하건대
지금부터 베리타스 왕국의 마지막 왕이 될 것을 명한다.

그게 무슨 말씀이십니까? 아바마마께서 이렇게 계신데.

아들아. 그동안 잘해 주지 못해서 정말 미안하구나.
갑자기 왜 그러시는지요?

서, 설마? 안 됩니다!

사랑한다,
내 아들아.
우우웅－
아바마마, 대체
뭘하시려고요?
아니, 네놈은
이미 치명상을
입었을 텐데?

너희가 무사하려면
이 방법밖에 없구나!
기억은 추억으로!
추억은 기억 속으로!!
콰
아
아아
아바마마!!

번쩍
아버지!

이제 내 임무는 모두 끝났다. 앞으로는 새로운 시대가 열릴 거야.
녀석들을 어디로 빼돌린 거야?!
후후훗~ 처음부터 엮이지 말았어야 할 아이들이었다.
쿠오오오

형님, 이젠 우리 둘이서 못다 한 얘기나 나눕시다.
꼬옥

안 돼!

스팟!
으아악!!

셜록네 초등학교

꾸벅 꾸벅
음냐~

파앗
이 녀석, 또 잠이냐!

딱!
아이쿠야!

털썩
내가 언제 잠들었지?
아직 수업을 시작도 안 했는데 또 잠을 자다니!
삐질
뭐, 뭐가 어떻게 된 거야?

아니, 이게 어떻게 된 걸까요? 앞으로 이들에겐 어떤 일이 벌어질까요? 125

막대그래프 활용하기

셜록네 학교 매점에서 점심시간 동안 팔린 음료수를 조사하여
나타낸 막대그래프의 내용을 알아보세요.

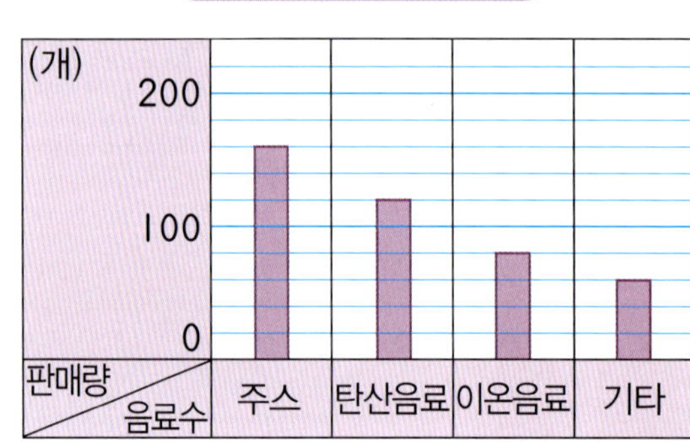

⑴ 막대그래프에서 가로와 세로는 각각 무엇을 나타냅니까?

가로 (   ), 세로 (   )

⑵ 팔린 주스의 개수는 이온음료의 개수의 몇 배입니까?

(   )

⑶ 팔린 음료수가 모두 4가지라고 할 수 있습니까?

(   )

⑷ 가장 많이 팔린 음료수는 무엇입니까?

(   )

레인저 탐정단이 8월에 각 주별로 도서관에 가서 빌린 책 수를 나타낸 막대그래프를 보고 무엇을 알 수 있을까요?

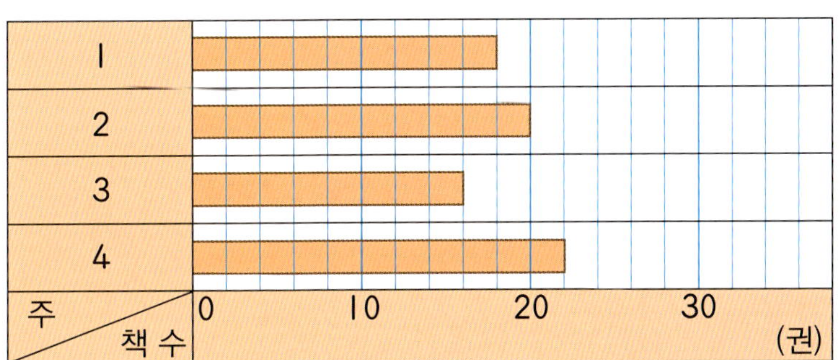

⑴ 8월에 레인저 탐정단이 빌린 책은 모두 몇 권입니까?

(   )

⑵ 4주에는 전주에 비해 책을 몇 권 더 빌렸습니까?

(   )

⑶ 책을 많이 빌린 주부터 차례로 쓰시오.

(   )

스토리텔링 문제

개념 스토리 1 ── 막대그래프 알아보기

셜록과 친구들은 인기 투표를 했습니다.

캐릭터별 득표 수

캐릭터	애거서	셜록	왓슨	으뜸	루팡
득표수	4	3	5	6	4

 셜록과 친구들은 독자들에게 인기투표를 했어요.

1 위의 표처럼 조사한 수를 막대로 나타낸 그래프를 무엇이라고 합니까?

(   )

2 위의 표를 보고 막대그래프로 나타내시오.

캐릭터별 득표 수

(표)	애거서	셜록	왓슨	으뜸	루팡
5					
0					

득표 수 / 캐릭터

3 캐릭터별 득표 수를 한눈에 비교하려고 합니다. 표와 막대그래프 중에서 어느 것이 더 편리하겠습니까?

(   )

개념 스토리 2 막대그래프 그리기

셜록과 친구들은 좀비를 만나 좀비를 물리쳤습니다.

물리친 좀비 수

캐릭터	으뜸	셜록	루팡	왓슨	애거서
좀비 수	70	60	80	50	30

4 셜록과 친구들이 물리친 좀비 수를 나타낸 표를 보고 막대그래프를 그리려고 합니다. 순서에 알맞게 기호를 쓰시오.

> ㉠ 가로와 세로 중에서 조사한 수를 어느 쪽에 나타낼 것인지 정합니다.
> ㉡ 그린 그래프에 알맞은 제목을 씁니다.
> ㉢ 조사한 수 중에서 가장 큰 수까지 나타낼 수 있도록 눈금 한 칸의 크기를 정한 후 눈금의 수를 정합니다.
> ㉣ 조사한 수에 맞도록 막대를 그립니다.

(   )

5 위 표를 보고 막대그래프를 그리시오.

물리친 좀비 수

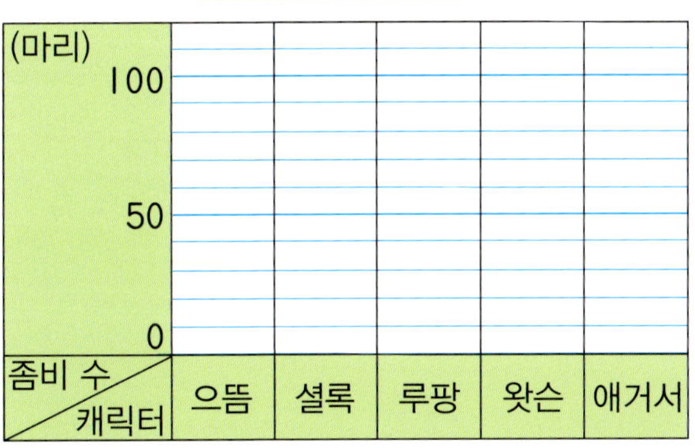

개념 스토리 **3** 막대그래프의 내용 알아보기

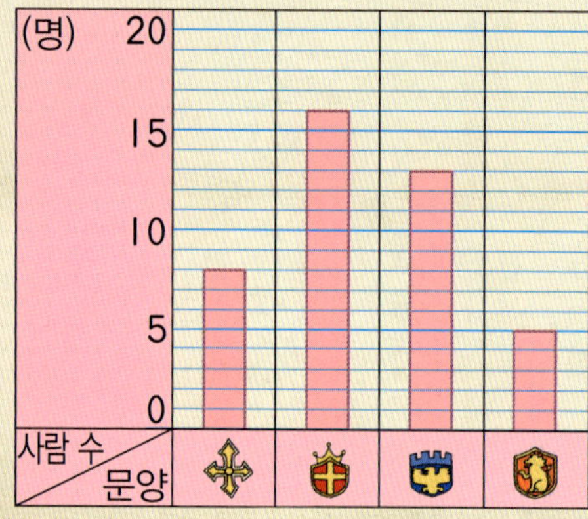

좋아하는 왕족의 문양별 사람 수

- 사람들이 가장 좋아하는 왕족의 문양은 ✚입니다.
- 왕족의 문양으로 🏰를 좋아하는 사람은 🦁를 좋아하는 사람보다 8명 더 많습니다.

🌱 안전하다던 티리엘 왕의 비밀 기지는 무시무시했어요. 층별 밀실 수를 조사하여 나타낸 막대그래프입니다. 물음에 답하시오. (**6~8**)

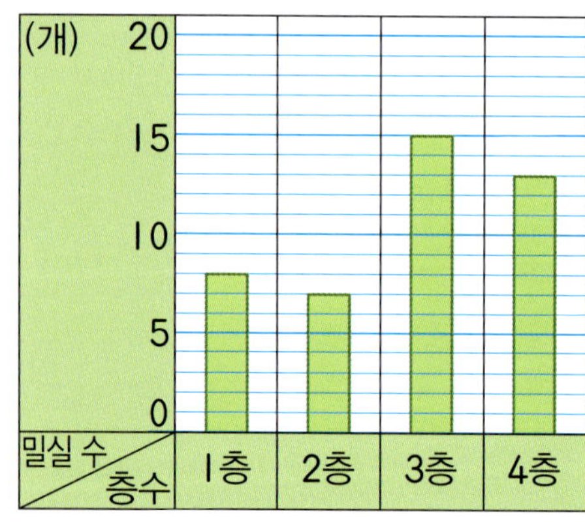

층별 밀실 수

6 밀실이 가장 많은 곳은 몇 층입니까?

( )

정답은 139쪽에

7 2층에 있는 밀실은 몇 개입니까?

( )

8 밀실이 많은 층부터 차례로 쓰시오.

( )

임페리우스가 티리엘 왕으로 변신하는 과정 중에서 신체 부위별로 걸리는 날수를 조사하여 나타낸 막대그래프입니다. 물음에 답하시오. (**9~10**)

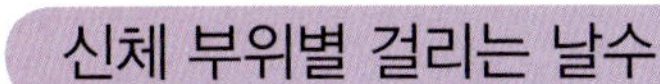

신체 부위별 걸리는 날수

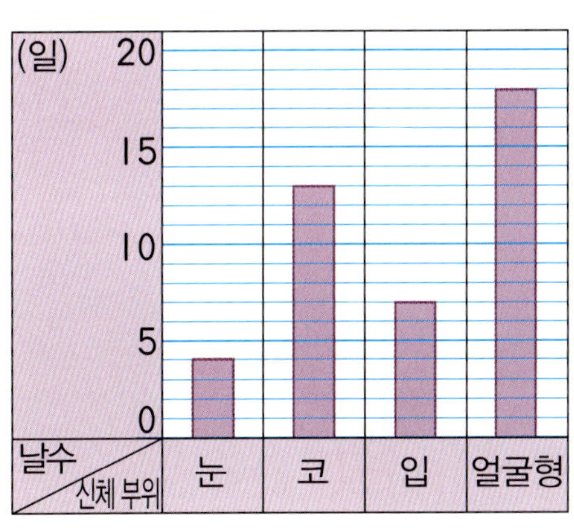

9 막대그래프에서 가로와 세로는 각각 무엇을 나타냅니까?

가로 ( )

세로 ( )

10 티리엘 왕과 닮지 않았을 때 가장 쉽게 수정할 수 있는 신체 부위는 어디와 어디입니까?

( )

개념 스토리 4 막대그래프 이용하기

색깔별 좀비 백신 수

색깔	빨강	노랑	초록	보라
병 수(병)	18	11	14	4

⇨ 좀비 백신의 색깔 중 가장 적은 것은 보라색입니다.

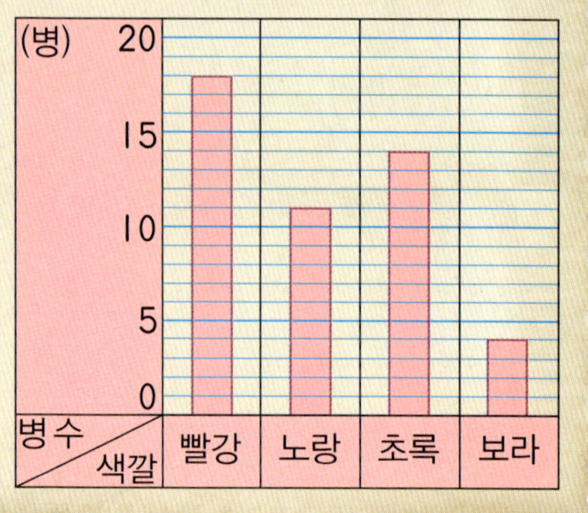

어린 시절 루팡과 레이첼의 종목별 훈련 시간을 조사하여 표로 나타냈습니다. 물음에 답하시오. (11～12)

종목별 훈련 시간

종목	비행	검도	사격	기타	합계
시간	25	25	35	15	100

11 표를 보고 막대그래프로 나타내시오.

종목별 훈련 시간

12 루팡과 레이첼이 훈련한 종목은 모두 4가지라고 할 수 있는지 쓰고, 이유를 설명하시오.

약점별 좀비 수를 조사하여 나타낸 표입니다. 물음에 답하시오. (**13~15**)

약점별 좀비 수

약점	미녀	X침	트림	발차기	합계
좀비 수(마리)	120	130	170		630

13 약점이 발차기인 좀비는 몇 마리입니까?

( )

14 막대그래프의 세로 눈금 한 칸은 몇 마리로 하는 것이 좋습니까?

( )

15 표를 보고 막대그래프로 나타내시오.

약점별 좀비 수

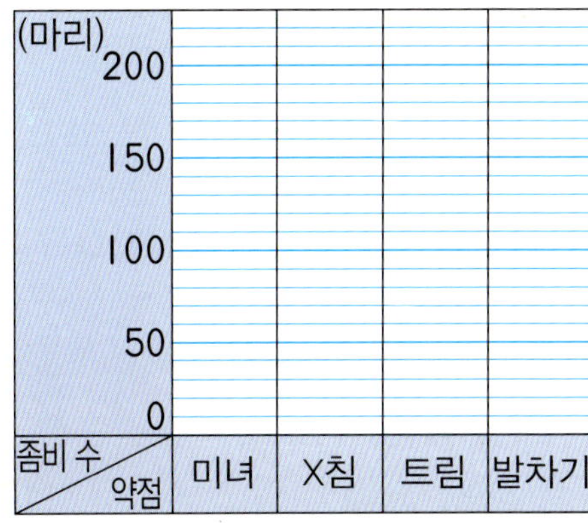

1 셜록네 학교 3학년 학생 중에서 안경을 쓴 학생 수를 조사하여 나타낸 막대그래프입니다. 안경을 쓴 남학생과 여학생의 차가 가장 작은 반은 어느 반입니까?

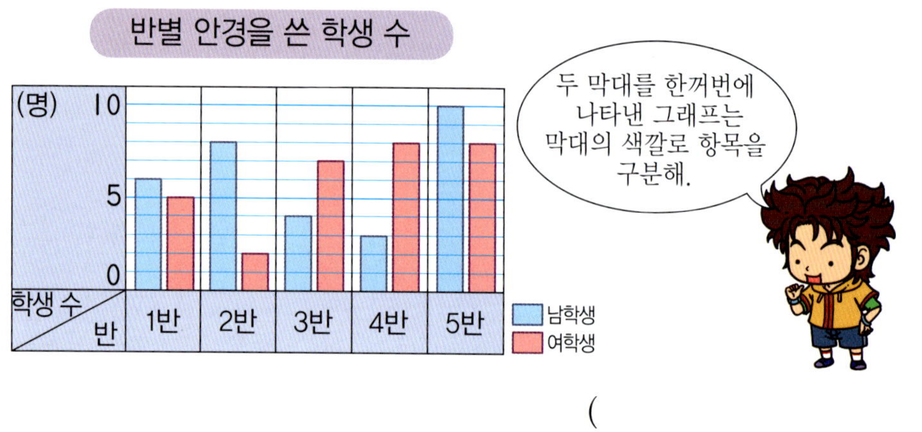

(   )

2 애거서네 학교 110명이 가장 존경하는 위인을 조사하여 나타낸 막대그래프입니다. 세종대왕을 존경하는 학생 수는 이순신 장군을 존경하는 학생 수보다 4명이 더 많을 때, 세종대왕을 존경하는 학생 수를 구하시오.

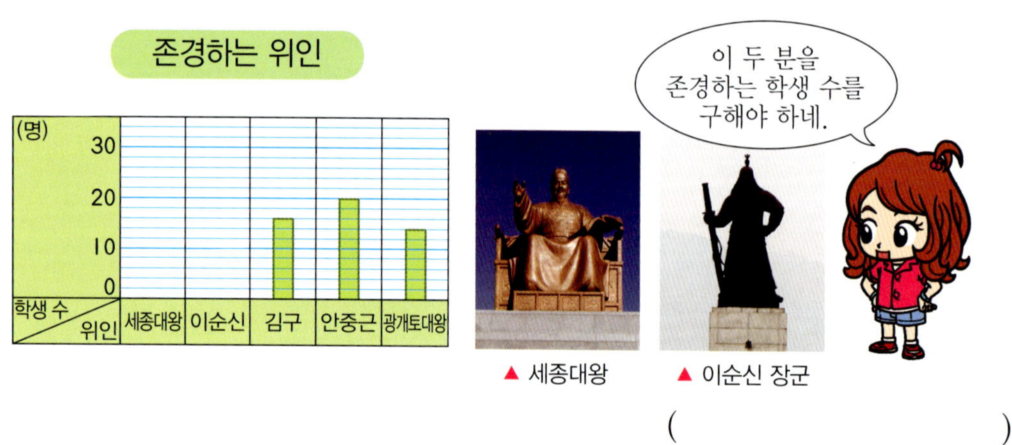

(   )

정답은 140쪽에

3 2014년 월드컵 거리 응원에 나온 사람 수를 학생별로 조사하여 나타낸 막대그래프입니다. 다음 조건 을 보고 거리 응원에 나온 사람 수는 모두 몇 명인지 구하시오.

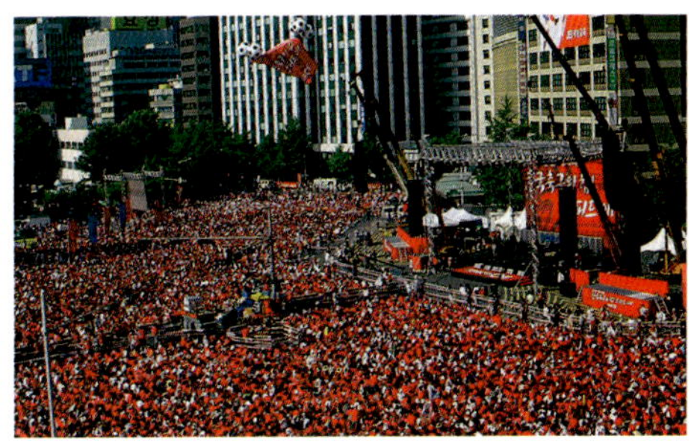

거리 응원에 나온 학생 수

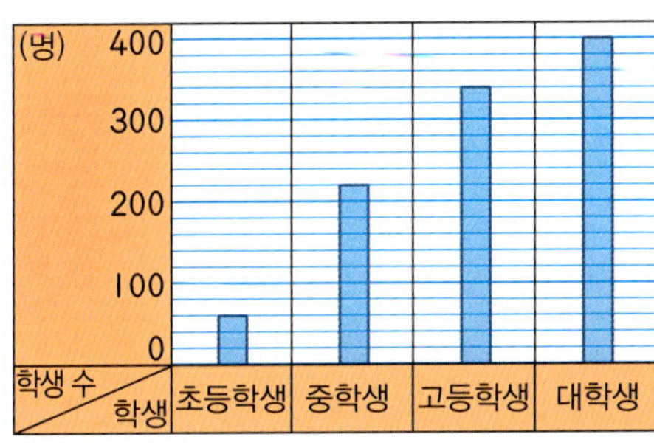

조건

① 초등학생, 중학생 1명당 부모님 중 1명이 함께 참여합니다.
② 거리 응원에 나온 사람은 초등학생, 중학생, 고등학생, 대학생, 부모님을 제외한 다른 사람은 없습니다.

(   )

4 으뜸이가 친구의 생일 선물을 사기 위해 가지고 있는 동전의 수를 세어 막대그래프로 나타내었습니다. 으뜸이가 가지고 있는 돈으로 문구점에서 살 수 있는 것을 모두 쓰시오.

동전의 개수

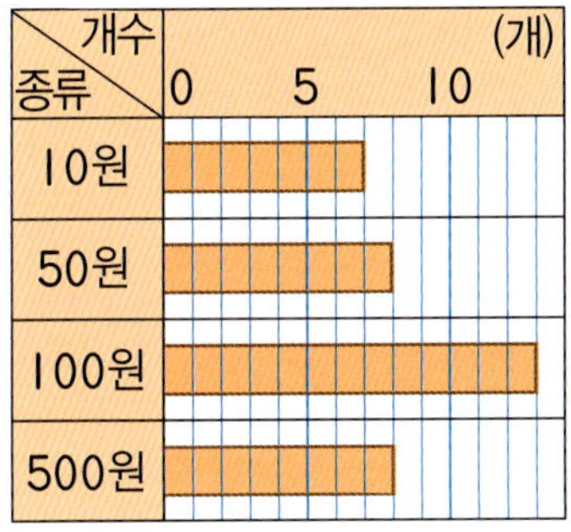

(   )

루마니아, 브란성
쿠오오오―

좀비 대장! 네가 브란성의 대장이지?
아, 아니에요. 이 성의 대장이자 저의 주인은 따로 계십니다.
뭐? 거짓말 하는 거 아냐?

주인님을 뵈러 가 보실래요?
뭐? 딱히 그럴 생각은 없는데 …….

이 성의 주인님을 소개합니다.
두둥!
헉! 관이잖아?

관이 브란성의 주인이란 게 말이 돼?
떡!
그게 아니라 …….

덜컹!
엄마야!

누가 감히 나의 단잠을 깨우느냐!
캬오오!

주인님, 진정하세요. 여기에 견학을 온 학생들이에요.
그래?
ZOMBI
삐질

브란성에 오신 걸 환영합니다. 드라큘라 백작 13세입니다.
척一

드, 드라큘라 백작이라고요? 그렇다면 흡혈귀?
그렇지 않습니다.

이건 15세기에 왈라키아 공국에서 살았던 블라드 체페슈 (드라큘라 백작)의 초상화입니다.

한 나라의 영주였던 그는 오스만투르크의 침략을 물리치며 전쟁 영웅으로 칭송 받았지요.

하지만 당시 드라큘라 백작의 경쟁자였던 헝가리 왕국의 코르미누스의 계략 때문에 영주 자리에서 쫓겨납니다.
코르미누스는 유럽 각국에 드라큘라 백작이 잔인무도한 흡혈귀라는 소문을 만들어 냈어요.
크으으

그렇다면 진짜 피를 안 빨아 먹어요?
피는 보기만 해도 무서워.
또한 브란성은 드라큘라 소설을 쓴 브람 스토커가 잠시 머물렀던 성이라고 해서 드라큘라의 성으로 불리기 시작했다네요.

1화 개념 체크   40~41쪽

퀴즈 1 (1) 1마리

(2) 원숭이

퀴즈 2 예 여러 항목의 수량을 비교하기 쉽습니다.

풀이

1 (1) 세로 눈금 5칸은 5마리를 나타내므로 한 칸은 1마리를 나타냅니다.

(2) 막대의 길이가 긴 것부터 차례로 쓰면 원숭이, 호랑이, 기린, 사자, 코끼리입니다.

2 막대그래프는 막대의 길이를 비교하면 가장 많은 것과 가장 적은 것을 쉽게 알 수 있습니다.

2화 개념 체크   78~79쪽

퀴즈 1 (1) 5

(2)

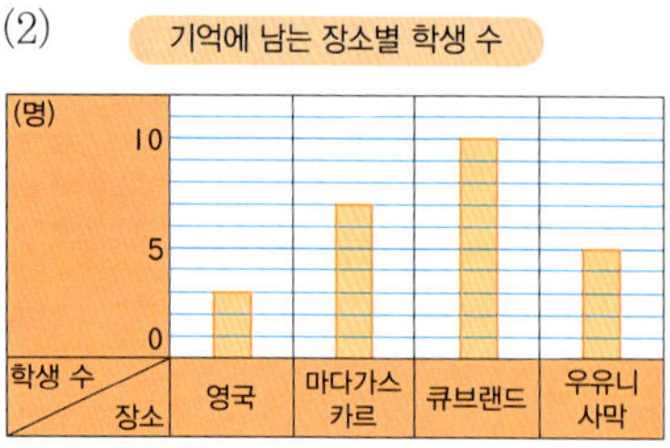

퀴즈 2 (1) 25명

(2)

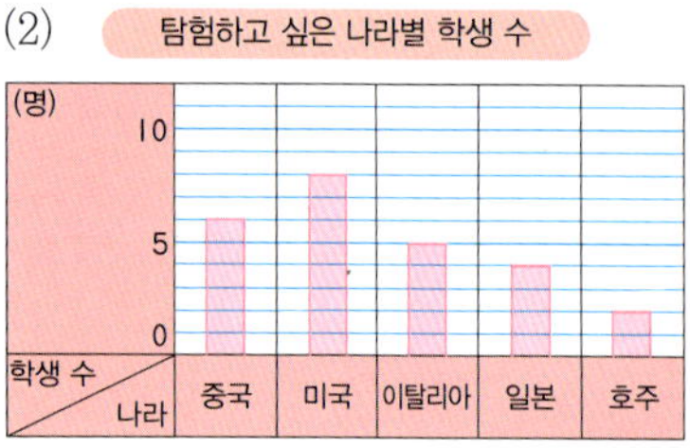

풀이

1 (1) 우유니 사막이 기억에 남는 학생 수는 25−(3+7+10)=5(명)입니다.

(2) 막대를 영국에 3칸, 마다가스카르에 7칸, 큐브랜드에 10칸, 우유니 사막에 5칸을 그립니다.

2 (1) (합계)=6+8+5+4+2=25(명)

(2) 막대를 중국에 6칸, 미국에 8칸, 이탈리아에 5칸, 일본에 4칸, 호주에 2칸을 그립니다.

3화 개념 체크   126~127쪽

퀴즈 1 (1) 음료수, 판매량   (2) 2배

(3) 아니오.   (4) 주스

퀴즈 2 (1) 76권

(2) 6권

(3) 4주, 2주, 1주, 3주

풀이

1 (1) 막대그래프의 가로는 음료수, 세로는 판매량을 나타냅니다.

(2) 세로 눈금 한 칸이 나타내는 판매량은 20개입니다.

주스가 160개, 이온음료가 80개이므로 160÷80=2(배)입니다.

(3) 기타에는 주스, 탄산음료, 이온음료를 제외한 여러 가지 음료수가 들어갈 수 있으므로 4가지라고 할 수 없습니다.

(4) 막대가 가장 긴 것은 주스입니다.

2 (1) 세로 눈금 한 칸이 나타내는 책 수는 2권입니다.

1주에 18권, 2주에 20권, 3주에 16권, 4주에 22권입니다.

⇨ 18+20+16+22=76(권)

② $22-16=6$(권)

③ 막대의 길이가 긴 것부터 차례로 쓰면 4주, 2주, 1주, 3주입니다.

스토리텔링 문제

128~133쪽

1 막대그래프

2
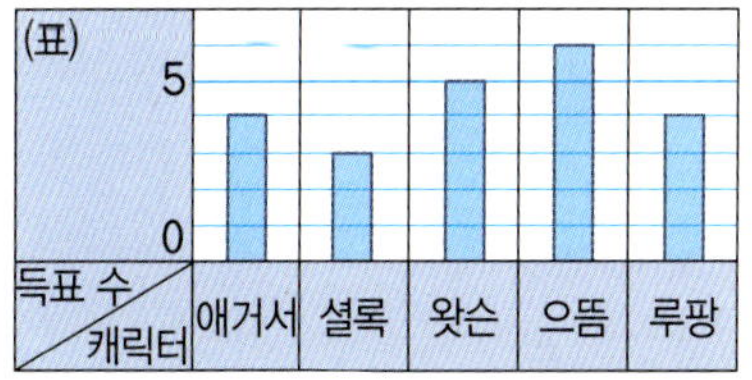

3 막대그래프

4 ㉠, ㉢, ㉣, ㉡

5

6 3층   **7** 7개

8 3층, 4층, 1층, 2층

9 신체 부위, 날수   **10** 눈, 입

11
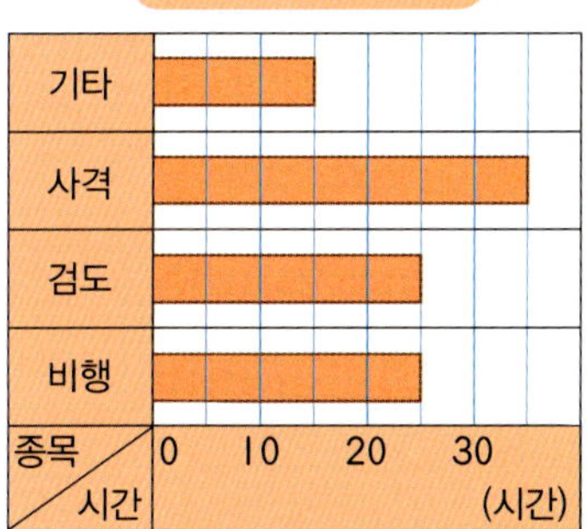

12 아니요; 기타는 한 가지 종목을 나타 내는 것이 아니고 시간이 적은 여러

종목을 모아서 나타낸 것이므로 두 사 람이 훈련한 종목은 4가지보다 많습 니다.

13 210마리   **14** 10마리

15
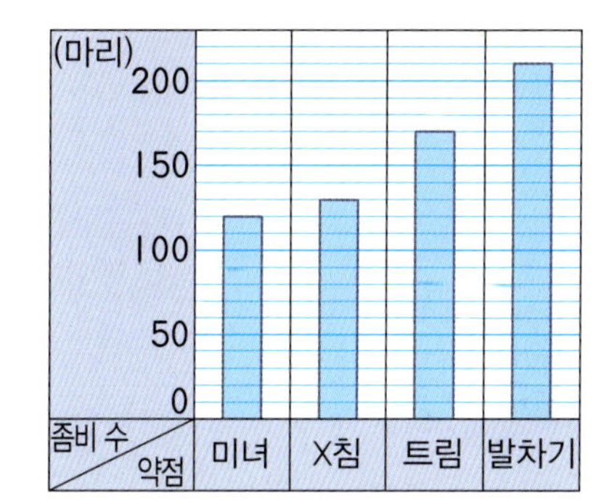

풀이

3 자료를 한눈에 비교할 때에는 막대그래 프가 더 편리합니다.

5 세로 눈금 한 칸의 크기는 10명이므로 으뜸(70)이는 7칸, 셜록(60)은 6칸, 루 팡(80)은 8칸, 왓슨(50)은 5칸, 애거서 (30)는 3칸을 그립니다.

8 밀실의 수는 막대의 길이로 나타내므로 막대의 길이가 긴 것부터 차례로 씁니다.

10 걸리는 날수가 적은 순서로 2가지를 고 르면 눈과 입입니다.

11 가로 눈금이 훈련 시간을 나타낸다는 것에 주의합니다. 가로 눈금 한 칸은 5 시간을 나타냅니다.

12 어린 시절 레이첼과 루팡이 한 훈련 중 에서 기타에 해당하는 것은 달리기, 팔 굽혀펴기, 수영, 발차기 훈련입니다.

13 $630-(120+130+170)=210$(마리)

14 약점별 좀비 수는 몇백 몇십 마리이므 로 세로 눈금 한 칸은 10마리로 하는 것이 좋습니다.

두뇌킹 퀴즈   134~135쪽

1 1반   **2** 32명

3 1300명   **4** 필통, 공책 세트

풀이

1 안경을 쓴 남학생 수와 여학생 수의 차를 각각 알아봅니다.

1반: $6-5=1$(명), 2반: $8-2=6$(명), 3반: $7-4=3$(명), 4반: $8-3=5$(명), 5반: $10-8=2$(명)

따라서 안경을 쓴 남학생 수와 여학생 수의 차가 가장 작은 반은 1반입니다.

2 세종대왕과 이순신 장군을 존경하는 학생 수의 합은 $110-16-20-14=60$(명)입니다.

세종대왕을 존경하는 학생 수를 $\square$명이라 하면, $\square+(\square-4)=60$, $\square\times2=64$, $\square=64\div2=32$입니다.

3 세로 눈금 한 칸은 20명을 나타냅니다.

초등학생은 60명, 중학생은 220명, 고등학생은 340명, 대학생은 400명입니다.

초등학생, 중학생 1명당 부모님 중 1명이 함께 하므로 응원 나온 사람 수는 모두 $60+60+220+220+340+400=1300$(명)입니다.

4 으뜸이는 10원짜리 7개, 50원짜리 8개, 100원짜리 13개, 500원짜리 8개가 있습니다.

(가지고 있던 돈) $=70+400+1300+4000=5770$(원)

따라서 으뜸이는 5770원을 넘지 않는 필통, 공책 세트를 살 수 있습니다.